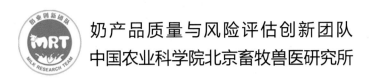

奶产品质量与风险评估创新团队
中国农业科学院北京畜牧兽医研究所

中国奶产品质量安全研究报告

（2016年度）

郑　楠　李松励　王加启　主编

U0306116

中国农业科学技术出版社

图书在版编目（CIP）数据

中国奶产品质量安全研究报告 . 2016 年度／郑楠，李松励，王加启主编 . —
北京：中国农业科学技术出版社，2017. 4
　ISBN 978-7-5116-2991-3

　Ⅰ . ①中… 　Ⅱ . ①郑… ②李… ③王… 　Ⅲ . ①乳制品 – 产品质量 – 安全
管理 – 研究报告 – 中国 – 2016 　Ⅳ . ①TS252. 7

中国版本图书馆 CIP 数据核字（2017）第 041440 号

责任编辑　徐定娜
责任校对　马广洋
出版发行　中国农业科学技术出版社
　　　　　　北京市海淀区中关村南大街 12 号　邮编：100081
电　　话　（010）82105169（编辑室）（010）82109704（发行部）
　　　　　　（010）82109707（读者服务部）
传　　真　（010）82106626
社 网 址　http：// www. castp. cn
经　　销　各地新华书店
印　　刷　北京富泰印刷有限责任公司
开　　本　787mm×1092mm　1/16
印　　张　6
字　　数　51 千字
版　　次　2017 年 4 月第 1 版　2017 年 4 月第 1 次印刷
定　　价　100. 00 元

《中国奶产品质量安全研究报告（2016 年度）》

编 委 会

《中国奶产品质量安全研究报告（2016 年度）》

编 写 组

主　编：郑　楠　李松励　王加启

副主编：张养东　赵圣国　文　芳　周振峰　顾佳升

　　　　姚一萍　赵善仓　陈　贺　戴春风　李　栋

编　委（按姓氏笔画排序）：

于瑞菊　马占山　王　成　王丽芳　王建军

车跃光　毛建霏　尹凤芝　伍宏凯　刘　壮

李　明　李　栋　李　琴　李永才　李尚敏

李香珍　李振华　李爱军　杨琳芬　肖田安

张　进　张树秋　欧阳华学　周　芬　郑百芹

孟　璐　赵彩会　贾　青　徐国茂　高同春

唐　煜　章　慧　梁　斌　韩荣伟　韩奕奕

程建波

前　言

2017 年春节前夕，中共中央总书记、国家主席习近平在河北省乳品企业考察时强调，"我国是乳业生产和消费大国，要下决心把乳业做强做优，生产出让人民群众满意、放心的高品质乳业产品，打造出具有国际竞争力的乳业产业，培育出具有世界知名度的乳业品牌。"

"做强做优"是我国奶业的发展方向，实施优质乳工程则是"做强做优"的有效途径，满意、放心和高品质是奶业的发展目标。

2016 年，农业部奶产品质量安全风险评估实验室（北京）联合全国奶产品质量安全风险评估团队共 20 家单位，对奶产品质量安全进行了系统风险评估研究，形成《中国奶产品质量安全研究报告（2016 年度）》。本报告立足于科研团队的研究结果和国内外资料综述，既不代表政府，也不代表行业组织。在内容上，每年有不同的侧重点，不是全国普查，不能面面俱到，也不能解决或回答很多问题。编写本报告仅为做强做优我国奶业提供一点参考，不足之处，请批评指正。

目　录

第一章 奶业基本情况

◆ 奶牛养殖数量和生鲜牛奶产量稳中有降，养殖方式加快转变

◆ 奶制品加工量和消费量持续增长，乳品企业加快整合

◆ 国际奶业竞争依然激烈，对国内奶业冲击较大

2016 年，我国奶业发展有喜有忧，喜忧参半。喜的是散养加快退出，小区快速转型，规模养殖比重逐步提高；配制优质草料，配套先进设施，实施精细管理，生鲜奶及奶制品质量明显提升；下半年生鲜奶价格触底反弹；奶制品加工量和消费量持续增长；产业素质明显提升。忧的是上半年生鲜奶价格继续走低，养殖效益持续下滑，奶牛养殖形势不容乐观；年末奶牛存栏量减少，全年生鲜奶产量降低；生鲜奶生产成本偏高，缺乏竞争力，奶制品受进口压力较大。

一、奶牛养殖数量和生鲜牛奶产量稳中有降，养殖方式加快转变

2016 年末，奶牛存栏量约 1 430 万头，比 2008 年存栏量增加了 15.9%，比 2015 年存栏量减少了 5.0%。全年生鲜牛奶产量为 3 602 万吨，比 2008 年产量增加了 1.3%，比 2015 年产量减少了 4.1%（图 1 - 1）。2010 年以来，我国每年奶牛存栏量和生鲜牛奶产量分别维持在 1 400 和 3 500 万吨上。

我国是牛奶生产大国，牛奶产量仅位于印度和美国之后，居世界第三位，约占全球牛奶产量的 5%。

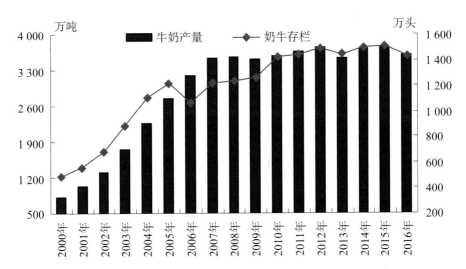

图 1-1 2000—2016 年我国奶牛存栏量和生鲜牛奶产量统计

数据来源：国家统计局（2016 年奶牛存栏量为预计数）

2016 年我国奶牛养殖方式加快转变，家庭散养基本退出，小区基本转型为牧场，进一步向标准化规模养殖方向发展。2015 年存栏 100 头以上的奶牛养殖规模比重达到48.3%，比 2008 年增长 28.8%，2016 年规模养殖进程进一步加快，规模比重预计 52% 左右（图 1-2）。奶牛挤奶机械化比例已接近 100%。

2016 年 10 个奶业生产主产省份全年生鲜奶平均收购价格为 3.47 元/千克，比 2015 年平均价格略涨 0.6%。之所以略高于 2015 年，主要是因为 2016 年 1—8 月生鲜奶收购价格虽仍继续走低，但降幅收窄，且 9 月份止跌回升，至 12 月平均收购价格达到 3.52 元/千克，连续上涨 4 个月，累计涨幅 4.0%。

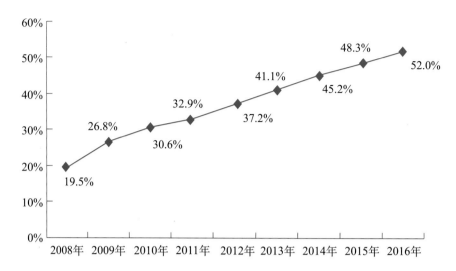

图 1 - 2　2008—2016 年我国奶牛养殖存栏 100 头以上规模比重统计

数据来源：农业部（2016 年数据为预计数）

二、奶制品加工量和消费量持续增长，乳品企业加快整合

2016 年，我国奶制品产量累计 2 993.2 万吨，同比增长 7.7%（图 1 - 3）；其中，液态奶产量累计 2 737.2 万吨，同比增长 8.5%。奶制品净消费量 3 185.7 万吨（预计数），同比增长 8.3%。

截至 2016 年 9 月，我国规模以上奶制品企业共 624 家，同比减少 2.0%，与 2008 年的 1 600 多家相比，减少了近 1 000 家。

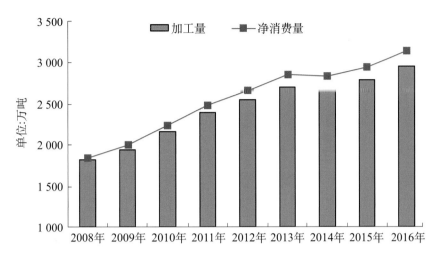

图 1 - 3　2008—2016 年我国奶制品加工量和净消费量

数据来源：国家统计局、国家海关总署

三、国际奶业竞争依然激烈，对国内奶业冲击较大

我国奶业国际关联度较高，受国际奶业发展的影响越来越大。2016 年全球奶类总产量约 8.26 亿吨，比 2015 年增长 1.0%（图 1 - 4）。

全球奶类产量增加，市场供给充足。受此影响，生鲜奶价格继续下降。2016 年全球生鲜奶价格平均为 27.7 美元/100 千克（折合人民币 1.84 元/千克），比 2015 年下降 5.8%。与国际相比，国内生鲜奶价格仍然较高，国内外价格有较大

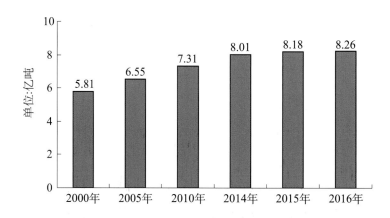

图 1－4 2000—2016 年全球奶类产量

数据来源：国际乳品联合会（2016 年为预计数）

差异，拉动了进口量的增加。

2016 年，全年进口奶制品 217.7 万吨，同比增长 12.6%。在 217.7 万吨进口奶制品中，有液态奶（含酸奶）65.51 万吨、大包奶粉 60.42 万吨、婴幼儿配方奶粉 22.14 万吨、炼乳 2 万吨、奶酪 9.72 万吨、黄油 8.19 万吨和乳清粉 49.72 万吨（图 1－5）。

就液态奶（不含酸奶）而言，有 53.34 万吨从德国、新西兰、法国、澳大利亚进口，占进口总量的 84.1%。其中，从德国进口 22.13 万吨，占进口总量的 39.2%；从新西兰进口 13.18 万吨，占进口总量的 20.8%；从法国进口 10.72 万吨，占进口总量的 16.9%；从澳大利亚进口 7.32 万吨，占进口总量的 11.5%。

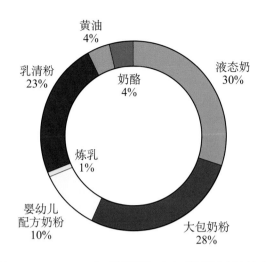

图 1 - 5　2016 年我国进口各类奶制品比例

数据来源：国家海关总署

就大包奶粉而言，有 55.99 万吨进口于新西兰、澳大利亚、美国、法国，占进口总量的 92.6%。其中，从新西兰进口 50.36 万吨，占进口总量的 83.3%；从澳大利亚进口 2.67 万吨，占进口总量的 4.4%；从美国进口 1.62 万吨，占进口总量的 2.7%；从法国进口 1.34 万吨，占进口总量的 2.2%。

据国际乳品联合会（IDF）预测，2017 年全球奶类产量仍将保持增长，但新西兰、欧盟 28 国（地区）等主要产奶国原料奶产量预期增幅较低，原料奶价格有望低位小幅回升，国外奶制品低价出口的优势减弱，国内生鲜奶生产和奶制品加工面临的压力有望缓解，但就原料奶价格而言，进口产品仍具有较大的价格优势，国内仍然面临不小的压力和挑战。

第二章 国产奶质量安全水平稳步提升

◆ 奶制品安全高于全国食品安全平均水平

◆ 主流品牌婴幼儿奶粉质量安全水平显著提高

◆ 国产奶质量安全水平与欧盟比较

◆ 存在的问题

一、奶制品安全水平高于全国食品安全平均水平

国家食品药品监督管理总局公布的数据显示，2015 年国家食品安全监督抽检中合格食品 166 769 批次，不合格食品 5 541 批次，合格比例 96.8%，不合格比例 3.2%。奶制品中合格产品 9 306 批次，不合格产品 44 批次，合格比例 99.5%，不合格比例 0.5%。

2016 年国家食品安全监督抽检中合格食品 249 166 批次，不合格食品 8 283 批次，合格比例 96.8%，不合格比例 3.2%，与 2015 年持平。奶制品中合格产品 3 303 批次，不合格产品 15 批次，合格比例 99.5%，不合格比例 0.5%（表 2-1）。可以看出，奶制品不合格比例远低于整个食品的不合格比例，是名副其实的安全食品。

在 2016 年国家食品药品监督管理总局抽检的 34 大类食品中，奶制品、婴幼儿配方奶粉合格率都是最高水平。值得注意的是，抽检不合格产品都属于偶发性的质量问题，没有系统性、普遍性或区域性、局部性的风险，其中标签不合格占比 42%。

表 2 - 1　2015—2016 年国内食品安全比较

项　目	2015 年		2016 年	
	食品	奶制品	食品	奶制品
合格记录数（条）	166 769	9 306	249 166	3303
不合格记录数（条）	5 541	44	8 283	15
不合格比例（%）	3.2	0.5	3.2	0.5

数据来源：国家食品药品监督管理总局

二、主流品牌婴幼儿奶粉质量安全水平显著提高

据《中国食品安全报》（2017.1.10）报道，2016 年主流品牌婴幼儿奶粉月月抽检（质量大赛）取得了好成绩。对 24 个主流品牌连续 11 个月抽检，共抽检 277 批次的 1、2、3 段产品，样品数量 1 459 个，检验项目共 45 项。抽检结果显示，

所有产品均符合国家标准，同时也均符合各自产品标签的明示质量要求。月月抽检结果表明，国内市场上主流品牌婴幼儿奶粉的质量安全、稳定、可靠。

三、国产奶质量安全水平与欧盟比较

欧盟官方的食品与饲料快速预警系统（RASFF）2014 年年度报告中，食品不合格通报 3 097 起，其中奶产品相关 66 起，占 2.1%；2015 年年度报告中，食品不合格通报 3 049 起，其中奶产品相关 59 起，占 1.9%；2016 年年度报告中，食品不合格通报 2 993 起，其中奶产品相关 59 起，占 2.0%。2015 年，国家食品药品监督管理总局发布的报告显示，我国不合格食品 5 541 批次，其中不合格奶产品 44 批次，不合格奶产品仅占不合格食品的 0.8%；2016 年，国家食品药品监督管理总局发布的报告显示，我国不合格食品 8 283 批次，其中不合格奶产品 15 批次，不合格奶产品仅占不合格食品的 0.2%（表 2 - 2）。可见，即使与国际先进水平相比，当前我国奶产品安全也已经达到较好水平。

表 2 - 2　与欧盟奶产品安全比较

类别	欧盟			中国	
	2014 年不合格通报次数	2015 年不合格通报次数	2016 年不合格通报次数	2015 年不合格批次	2016 年不合格批次
食品	3 097	3 049	2 993	5 541	8 283
奶产品	66	59	59	44	15
奶产品占比（%）	2.1	1.9	2.0	0.8	0.2

数据来源：国家食品药品监督管理总局和 RASFF

四、存在问题

据人民网 2017 年 1 月 10 日报道，2016 年国家监管部门共对 40 家婴幼儿奶粉生产企业进行了食品安全生产规范体系检查。这些企业包括了内资企业和外资企业，大型知名企业和小型企业，牛奶粉企业和羊奶粉企业。检查结果显示，这些企业都存在不同程度的问题、缺陷、漏洞和不足，包括生产场所、设备实施未持续保持生产许可条件，食品安全管理制度落实不到位，部分检验项目检验能力不足，检验人员技术水平低等。监管部门对所有被检查的企业都下发了整改通知，有的企业则被立案调查。2017 年，将切实维护好食品安全生产规范体系的良好运行状态，做到认真、准确、完整的贯彻执行；坚决消除婴幼儿奶粉微量成分不达标现象；杜绝营养成分标签标示值不合格现象；开展标签标识清理整顿；继续开展婴幼儿奶粉质量竞赛活动，对主流品牌婴幼儿配方奶粉质量安全月月进行监测，年终优胜者将获得表彰；实施"中国乳品品牌"培育计划。

第三章 ｜ 牛奶质量安全风险评估研究

◆ 生鲜奶中违禁添加物风险评估

◆ 生鲜奶中亚硝酸盐污染风险评估

◆ 生鲜奶中黄曲霉毒素污染风险评估

◆ 生鲜奶中农药残留风险评估

◆ 超高温（UHT）灭菌奶质量安全风险评估

一、生鲜奶中违禁添加物风险评估

根据全国打击违法添加非食用物质和滥用食品添加剂专项整治领导小组自 2008 年以来陆续发布的五批《食品中可能违法添加的非食用物质和易滥用的食品添加剂名单》，从中梳理出涉及生鲜奶的三聚氰胺、革皮水解物和 β-内酰胺酶 3 种主要违禁添加物进行风险评估。

本项目的样品采自 5 个省（市、区）的养殖户（牧场）、生鲜奶收购站和运输车中的生鲜奶，全年采样 2 次共 500 批次样品进行评估分析，同时进行了养殖场、生鲜奶收购站和运输车的现场调研。采样程序、样品运输贮存程序、检测方法等严格按照国家标准、行业标准及农业部规范的要求进行。对三聚氰胺、革皮水解物和 β-内酰胺酶等 3 种违禁添加物风险监测的结果表明，均符合国家安全要求。这表明，经过坚持不懈的科学监管和严厉打击，我国生鲜奶中违禁添加物风险得到了根本遏制，不存在系统性风险。

二、生鲜奶中亚硝酸盐污染风险评估

1. 危害风险及限量标准情况

硝酸盐是一种食品添加剂，国家规定允许用于肉制品，作为发色剂。硝酸盐本身无毒性，但是如果被还原成亚硝酸盐，而且超过限量标准，则对人体造成危害风险，比如，亚硝酸盐与血液中的亚铁血红蛋白发生氧化生成高铁血红蛋白，造成人体缺氧中毒；亚硝酸盐还能够与人体中的胺类形成具有强致癌性的 N-亚硝基化合物—亚硝胺。

世界卫生组织（WHO）及一些国家对奶及奶制品中亚硝酸盐污染的调查分析指出，奶及奶制品中亚硝酸盐的污染客观存在，植物饲料和地下水含有一定量的亚硝酸盐，奶制品加工过程中的环境或工艺控制不到位时，也容易造成亚硝酸盐污染。预防奶及奶制品中亚硝酸盐污染的主要措施是过程防控，重点是饲料、饮水、加工和贮存等关键点控制。为此，不同国家或组织对奶产品中亚硝酸盐都制定了严格限量标准（表 3 – 1）。

表 3 - 1　国内外奶及奶制品中亚硝酸盐限量值的比较

国家或组织	产品	亚硝酸盐限量值（mg/kg）
	生鲜奶	0.4
中国	奶粉	2.0
	婴幼儿配方食品	2.0
美国	奶粉	5.0
欧盟	奶粉	5.0

2. 污染情况通报

2010 年 8 月 27 日国家质检总局在官方网站通报称，来自美国 GLANBIA FOODS INC 公司的 1 吨牛初乳因为被检测出"亚硝酸盐超标"，进行了退货处理；2013 年 8 月 19 日国家质检总局在官方网站通报称，从新西兰第二大乳品公司 West-land 进口的两批乳铁蛋白中硝酸盐含量超标，最高超标 13 倍多，进行退货并暂停进口该公司的乳铁蛋白，其他来自新西兰企业的乳铁蛋白一律要具备硝酸盐检测报告；2015 年 5 月 11 日金羊网—新快报报道称，广州口岸在 3 批重达 87 吨的澳大利亚进口婴幼儿奶粉原料中，检测出亚硝酸盐残留并退货处理。

3. 我国生鲜奶中亚硝酸盐污染状况风险评估

2016 年，农业部奶产品质量安全风险评估实验室（北京）组织全国奶产品风险评估团队对我国 13 个省（市、区）生鲜奶中亚硝酸盐污染状况进行了风险评估。全年共采集生鲜奶样品 1 300 批次。生鲜奶按照《农业部生鲜奶质量安全监测工作规范》和《生鲜奶抽样方法》进行抽样。

评估结果显示，13 个省（市、区）的所有生鲜奶样品均没有检测出亚硝酸盐（检出限 0.2mg/kg）。这说明各地区奶牛养殖管理部门和养殖场对亚硝酸的过程控制较为严格规范，有效防止了亚硝酸盐对生鲜奶的污染。

三、生鲜奶中黄曲霉毒素污染风险评估

黄曲霉毒素是一类主要由黄曲霉（*Aspergillus flavus*）和寄生曲霉（*Aspergullus parasiticus*）产生的次级代谢产物。奶牛采食被黄曲霉毒素 B_1 污染的饲料后，黄曲霉毒素 B_1 在奶

牛体内代谢，通过羟基化作用转化成黄曲霉毒素 M_1，部分被转运到牛奶中。国际上控制黄曲霉毒素危害的主要措施是根据对人体健康危害的暴露评估研究结果，科学制定安全限量标准，只要黄曲霉毒素不超过限量标准，就是安全的，不影响人体健康。世界各国都把牛奶中黄曲霉毒素 M_1 污染的风险评估作为重点工作纳入国家计划，做到实时监控，有效防范。

2016 年，农业部奶产品质量安全风险评估实验室（北京）组织全国奶产品风险评估团队对我国五个省（市、区）生鲜奶中黄曲霉毒素 M_1 污染状况进行了风险评估。共计抽取 500 批次生鲜奶样品，取样对象为牧场奶罐中经搅拌均匀的生鲜奶。取样方法严格按照《农业部生鲜奶质量安全监测工作规范》和《生鲜奶抽样方法》进行抽样，抽样后及时冷冻，保证冷链运输至检测单位。风险评估验证的结果表明，当前我国生鲜奶中黄曲霉毒素 M_1 污染得到有效控制，不存在系统性风险（表 3 - 2）。

表 3 - 2 不同国家或地区牛奶中黄曲霉毒素 M_1 污染的比较

国家或组织	样本量	检出黄曲霉毒素样品数	检出样品平均值（μg/kg）	检出值范围（μg/kg）	超标率（%）	参考文献
欧盟	2 328	未通报	0.276	0.053 ~ 1.290	0.43	EFSA, 2015
葡萄牙	31	25	—	0.005 ~ 0.050	0	Martins 等, 2000
意大利	161	125	0.006	0.001 ~ 0.024	0	Galvano 等, 2001
英国	100	3	—	0.010 ~ 0.021	0	UKFSA, 2001
泰国	270	257	—	—	18	Kriengsag, 1997
印度尼西亚	342	199	—	0.31 ~ 5.40	21	Tajkarimi 等, 2008
韩国	70	39	0.031	0.015 ~ 0.052	0	Kim 等, 2000
日本	298	—	0.085	—	—	Iqbal 等, 2015
巴西	125	119	0.031	0.01 ~ 0.20	0	Shundo 等, 2009
中国	200	45	—	—	0	Han 等, 2013
中国	500	34	0.0059	0.0019 ~ 0.028	0	农业部奶产品质量安全风险评估实验室（北京），2016

注：超标率按照所在国的限量标准计量

四、生鲜奶中农药残留风险评估

饲料种植中施用或者环境中残留的农药经迁移转化后有可能进入生鲜奶或奶制品，导致安全风险。但是，这方面科学数据较少，风险评估研究薄弱。

2016 年，农业部奶产品质量安全风险评估实验室（北京）组织全国奶产品风险评估团队对我国五个省（市、区）生鲜奶中 36 种农药残留状况进行了风险评估。共计抽取 500 批次生鲜奶样品，取样对象为牧场奶罐中经搅拌均匀的生鲜奶。取样方法严格按照《农业部生鲜奶质量安全监测工作规范》和《生鲜奶抽样方法》进行抽样，抽样后及时冷冻，用冷链运输至检测单位。

风险评估验证的结果表明，当前我国生鲜奶中没有检出农药残留。这说明我国奶牛养殖过程中对农药残留控制较为严格，取得较好效果（表 3 - 3）。

农业部奶产品质量安全风险评估实验室（北京）将继续组织对我国生鲜奶和奶制品中农药残留状况进行跟踪评估，以期全面掌握科学数据，为进一步提升国产奶制品质量安全提供科学支撑。

表 3-3　生鲜奶中 36 种农药残留的风险评估目录

类　别	名　称
杀虫剂	乙酰甲胺磷、毒死蜱、甲基毒死蜱、二嗪磷、敌敌畏、乐果、乙硫磷、杀螟硫磷、倍硫磷、三唑磷、马拉硫磷、甲胺磷、久效磷、对硫磷、甲拌磷、稻丰散、甲基嘧啶磷、氯氰菊酯、溴氰菊酯、氰戊菊酯、氟氰戊菊酯、甲萘威、克百威、抗芽威、六六六、七氯、艾氏剂、狄氏剂、林丹、氯丹、硫丹
杀菌剂	甲霜灵、咪鲜胺、丙环唑、三唑酮、敌瘟磷

五、超高温（UHT）灭菌奶质量安全风险评估

超高温（UHT）灭菌奶占我国液态奶消费量的 70% 以上，是我国市场消费的主导奶产品。2016 年农业部奶产品质量安全风险评估实验室（北京）对我国主要大城市销售的液态奶情况进行调研，并在调研的基础上抽取样品，对市售 UHT 灭菌奶进行了评估研究。

1. 市场 UHT 灭菌奶调研

选择我国主要大城市 26 个，包括北方 11 个和南方 15 个。在北京选择 6 家大中型超市，在广州选择 5 家大中型超市，在合肥和重庆各选择 3 家大型超市，其他城市选择 2 家大型超市，对当地销售 UHT 灭菌奶的品牌、产地、包装类型、保质期等情况进行调研，累计调研样品 1703 批次（表 3 - 4）。

表 3 - 4　液态奶风险评估采样城市

区域	城市
北方	哈尔滨、长春、沈阳、大连、北京、天津、太原、青岛、西安、郑州、乌鲁木齐
南方	苏州、上海、杭州、武汉、合肥、成都、重庆、长沙、南昌、南京、厦门、昆明、广州、深圳、三亚

在调研的基础上，从每个调研城市抽取当地主要品牌、进口主要品牌和全国主导品牌的样品，共抽取样品 144 批次，包括国产品牌 UHT 灭菌奶样品 94 批次，进口品牌 UHT 灭菌奶样品 50 批次。

2. 市场 UHT 灭菌奶品牌分布

在调研的 26 个城市中，郑州、三亚、长沙 3 个城市销售的 UHT 灭菌奶品牌数小于 10 个，青岛、沈阳、太原、乌鲁木齐、长春、重庆、合肥、昆明、南京、厦门、深圳、武汉等 12 个城市销售的 UHT 灭菌奶品牌数 10 ～ 19 个，大连、哈尔滨、天津、西安、成都、广州、南昌、杭州、上海、苏州等 11 个城市销售的 UHT 灭菌奶品牌数 20 ～ 29 个，北京高达 47 个（图 3 - 1）。各地销售的 UHT 灭菌奶中，外地（含进口）品牌数远高于本地品牌数，乌鲁木齐市的外地品牌占总品牌数的 53.8%，其他城市外地品牌数占总品牌数达到 69.6% ～ 96.1%，三亚更是高达 100%。

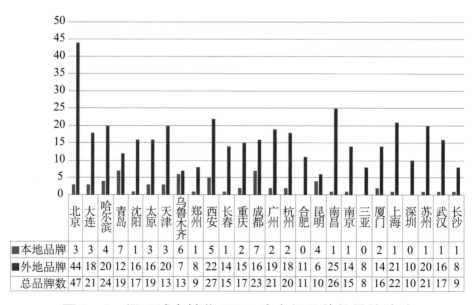

	北京	大连	哈尔滨	青岛	沈阳	太原	天津	乌鲁木齐	郑州	西安	长春	重庆	成都	广州	杭州	合肥	昆明	南昌	南京	三亚	厦门	上海	深圳	苏州	武汉	长沙
■本地品牌	3	3	4	7	1	3	3	6	1	5	1	2	7	2	2	0	4	1	1	0	2	1	0	1	1	1
■外地品牌	44	18	20	12	16	16	20	7	8	22	14	15	16	19	18	11	6	25	14	8	14	21	10	20	16	8
总品牌数	47	21	24	19	17	19	13	13	9	27	15	17	23	21	20	11	10	26	15	8	16	22	10	21	17	9

图 3 - 1　调研城市销售 UHT 液态奶品牌数量的统计

26 个城市销售的 UHT 灭菌奶外地品牌中，进口品牌占主导地位，远高于本地品牌。比如北京市场，北京本地品牌为 3 个，而进口品牌 36 个；26 个城市中有 17 个城市的进口品牌达到 10 个以上（图 3－2）。昆明市只有 2 个进口品牌，有 4 个本地品牌，说明昆明市的消费者比较认可当地奶产品。

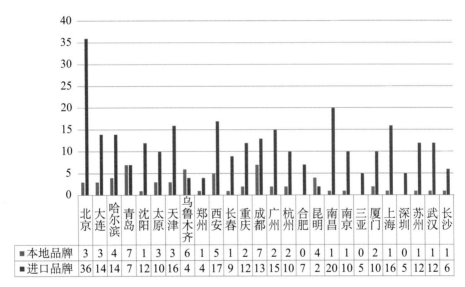

	北京	大连	哈尔滨	青岛	沈阳	太原	天津	乌鲁木齐	郑州	西安	长春	重庆	成都	广州	杭州	合肥	昆明	南昌	南京	三亚	厦门	上海	深圳	苏州	武汉	长沙
■本地品牌	3	3	4	7	1	3	3	6	1	5	1	2	7	2	2	0	4	1	1	0	2	1	0	1	1	1
■进口品牌	36	14	14	7	12	10	16	4	4	17	9	12	13	15	10	7	2	20	10	5	10	16	5	12	12	6

图 3－2　调研城市销售 UHT 灭菌奶进口品牌的统计

3. 保质期分析

国产品牌 UHT 灭菌奶的保质期平均为 151 天，远低于进口品牌的 325 天（图 3－3）。这是因为进口 UHT 灭菌奶在生产后，需要较长时间的运输、贮存和进口程序，才能与中国消费者见面，就不得不延长保质期。对于食品而言，尤其是液态奶，延长保质期存在安全风险，为了减少这种安全风险，最简单的办法就是过度加热，包括升高加热温度、多次加热、延长加热时间等。过度加热虽然延长了保质期，减少了食品安全风险，但是也对牛奶中的营养物质，尤其是活性物质造成了更大程度的热损伤。

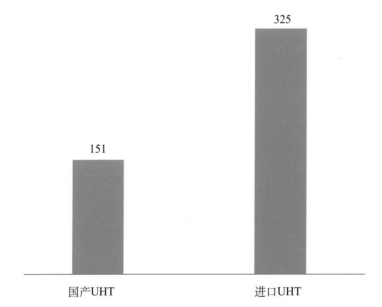

图 3-3　国产品牌与进口品牌 UHT 灭菌奶平均保质期（天）

4. 糠氨酸含量评估研究

对国产品牌 UHT 灭菌奶样品 94 批次、进口品牌 UHT 灭菌奶样品 50 批次中的糠氨酸进行了检测评估，国产品牌 UHT 灭菌奶样品的糠氨酸平均值为 193.2mg/100g 蛋白质，最小值为 101.3mg/100g 蛋白质；50 批次进口 UHT 灭菌奶样品中糠氨酸的平均值为 234.3mg/100g 蛋白质，最小值为 116.2mg/100g 蛋白质（图 3 - 4）。统计分析表明，进口品牌 UHT 灭菌奶样品中糠氨酸平均含量显著高于国产品牌（$P < 0.05$）。进口品牌 UHT 灭菌奶样品 50 批次中有 1 批次样品乳果糖含量为 336.9mg/L，糠氨酸含量在按照天数扣减后含量仍然达到 198.1mg/100g 蛋白质，乳果糖与糠氨酸的比值为 1.70，判定添加了复原乳，但是没有按照中国的规定进行复原乳标识。Corzo 等（1994）报道，添加复原乳会导致 UHT 灭菌奶中乳果糖与糠氨酸比值减少，当乳果糖与糠氨酸比值低于 2.0 时表明添加了奶粉。

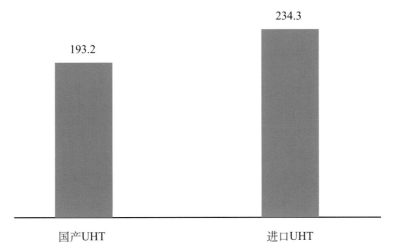

图 3 - 4　UHT 灭菌奶中糠氨酸的平均含量（mg/100g 蛋白质）

5. β-乳球蛋白含量评估研究

94 批次国产 UHT 灭菌奶样品中 β-乳球蛋白的平均值为 370.7mg/L，最大值为 820.3mg/L，最小值为 114.1mg/L；50 批次进口 UHT 灭菌奶样品中 β-乳球蛋白的平均值为 216.8mg/L，最大值为 485.1mg/L，最小值为 52.3mg/L（图 3－5）。国产品牌 UHT 灭菌奶样品中 β-乳球蛋白含量显著高于进口品牌（$P < 0.05$）。β-乳球蛋白是牛奶中重要的生物活性蛋白，进口品牌 UHT 灭菌奶的过热加工和长期保存，导致 β-乳球蛋白明显减少，在一定程度上降低了奶产品品质。

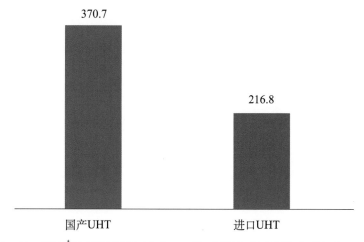

图 3－5 UHT 灭菌奶样品中 β-乳球蛋白的平均含量（mg/L）

第四章 奶业科技创新进展

◆ 奶牛健康养殖与牛奶品质形成机理

◆ 奶产品质量安全检测技术开发

◆ 奶产品质量安全风险评估

2016 年，奶业创新团队在奶牛健康养殖与牛奶品质形成机理、奶产品质量安全检测技术开发和奶产品质量安全风险评估三方面取得了新进展。

一、奶牛健康养殖与牛奶品质形成机理

以奶牛健康养殖和牛奶品质提升为核心，运用组学和分子营养学方法，研究营养与瘤胃微生物互作关系，阐明瘤胃微生物在牛奶品质形成中的调控机制，探析了提高营养素利用和降低养殖污染的调控靶标，揭示热应激影响牛奶品质的代谢和免疫机制。

1. 利用人工瘤胃模拟系统揭示奶牛瘤胃优势尿素分解菌群结构

尿素是一种非蛋白氮饲料，常被用于反刍动物日粮的配制，以降低日粮蛋白的用量，节约饲养成本。尿素在瘤胃中被分解成氨，氨被用于合成优质微生物蛋白，在这一过程中尿素分解菌扮演着重要角色，然而受纯培养方法限制，目前

瘤胃尿素分解菌群仍不明确。

该研究利用自主研发的人工瘤胃模拟系统，以尿素和脲酶抑制剂（乙酰氧肟酸）分别作为尿素分解菌的激活剂和抑制剂，通过高通量测序技术研究揭示瘤胃优势尿素分解菌群。结果发现添加激活剂尿素后能显著提高细菌丰富度和脲酶基因丰度，表明尿素能刺激尿素分解菌的生长。尿素和脲酶抑制剂改变了瘤胃细菌群落结构组成。通过制定尿素分解菌筛选条件，即尿素诱导增加、脲酶抑制剂诱导减少以及含有脲酶基因和脲酶活性，最终揭示了瘤胃优势尿素分解菌：琥珀酸弧菌、链球菌、假单胞菌、放线菌和芽孢杆菌等（图 4 - 1）。

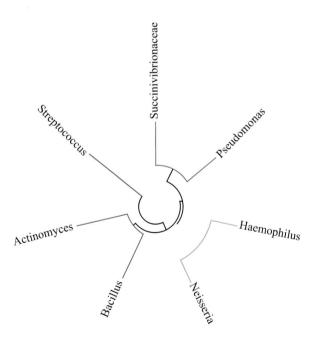

图 4 - 1 瘤胃尿素分解菌系统发育树

该研究解决了纯培养难题，这对于胃肠道重要功能菌群的鉴定提供了新的研究思路。另外，奶牛瘤胃尿素分解菌群的鉴定，为调控瘤胃尿素代谢和提高尿素氮利用率提供了新的调控靶标。

研究成果已在国际学术期刊《Frontiers in Microbiology》2016 年第 7 卷上发表。

2. 蛋白组学揭示热应激导致奶牛机体免疫损伤、补体和凝血因子系统信号通路发生变化

热应激给奶业生产带了巨大地经济损失，深入了解热应激过程中奶牛机体发生的代谢变化，有助于我们寻找缓解奶牛热应激的途径。团队结合前期的代谢组学研究成果，进一步分析非热应激和热应激奶牛血浆蛋白的差异表达，解析其生物学功能和意义。

通过同位素相对和绝对定量蛋白组学技术，共鉴定出 1 472 个蛋白，85 个蛋白呈现差异表达。其中，热应激导致 50 个蛋白发生上调；35 个蛋白发生下调。热应激引起奶牛的补体和凝血因子信号通路发生变化，补体系统显著下调；凝血系统显著上调（图 4-2）。该研究首次在国际上阐明了热

应激引起奶牛免疫损伤的原因，及热应激时奶牛机体碳水化合物、含氮小分子和脂质的代谢规律，为寻找缓解奶牛热应激提供了科学的方法。

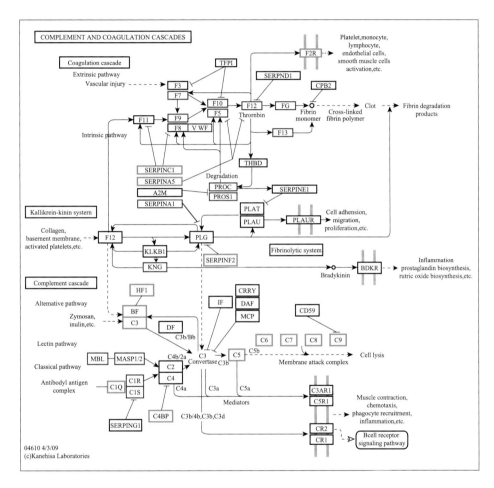

图 4 - 2　热应激奶牛血浆中参与补体和凝血因子信号通路

研究成果已在国际学术期刊《Journal of proteomics》2016年第 64 卷 146 期上发表。

3. 从牛奶中鉴定出热应激奶牛的代谢标志物

目前，奶牛热应激发生的生理机制尚不清楚，无创伤诊断奶牛热应激的生物标记物尚不明确。

采用 LC-MS 与 NMR 技术，对非热应激与热应激奶牛牛奶代谢组间的差异进行分析，结果发现了 53 个可用于热应激诊断的潜在生物标志物（图 4－3），它们分别参与体内碳水化合物、氨基酸、脂类和肠道微生物的代谢。通过与前期热应激奶牛血浆代谢组学的研究结果比较发现，热应激前后，乳酸、丙酮酸、肌酸、丙酮、β-羟基丁酸、三甲胺、油酸、亚油酸、溶血磷脂酰胆碱 16∶0 及卵磷脂 42∶2 在牛奶和血浆中存在显著相关性，提示热应激使得血液与牛奶屏障的通透性增加。该研究中热应激奶牛牛奶中新潜在标志物的发现，有助于开发快速、准确和无创伤性诊断奶牛热应激的方法，做到及早防控。

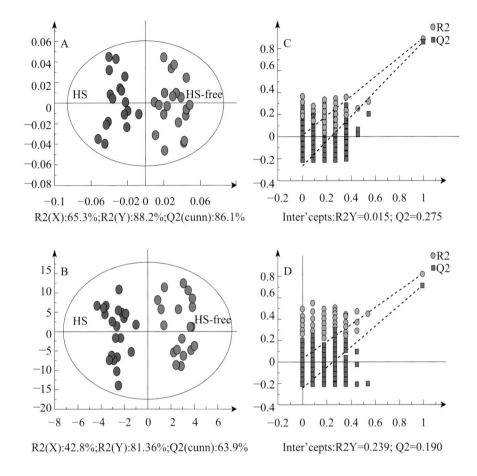

图 4 - 3　热应激奶牛牛奶代谢组多元统计

研究成果已在国际学术期刊《Scientific Reports》2016 年第 6 卷上发表。

4. 发表文章

（1）Jin D, Zhao S, Wang P, Zheng N, Bu D, Beckers Y, *et al.* Insights into Abundant Rumen Ureolytic Bacterial Community Using Rumen Simulation System ［J］. **Frontiers in Microbiology**. 2016, 7: 1006.

（2）Jin D, Zhao S, Zhang Y, Sun P, Bu D, Yves B, Wang J. Diversity shifts of rumen bacteria induced by dietary forages in dairy cows and quantification of the changed bacteria using a new primer design strategy ［J］. **Journal of Integrative Agriculture**. 2016, 15（11）: 2596-2603.

（3）Wang P, Zhao S, Wang X, Zhang Y, Zheng N, Wang J. Ruminal Methanogen Community in Dairy Cows Fed Agricultural Residues of Corn Stover, Rapeseed, and Cottonseed Meals ［J］. **Journal of Agricultural and Food Chemistry**. 2016, 64（27）: 5439-5445.

（4）Li M, Wen F, Zhao S, Wang P, Li S, Zhang Y, *et al.* Exploring the Molecular Basis for Binding of Inhibitors by Threonyl-tRNA Synthetase from Brucella abortus: A Virtual Screening

Study ［J］. **International Journal of Molecular Sciences**. 2016，17（7）：1078.

（5）Hu H，Zheng N，Gao H，Dai W，Zhang Y，Li S，*et al*. Immortalized bovine mammary epithelial cells express stem cell markers and differentiate in vitro ［J］. **Cell Biology International**. 2016，40（8）：861-872.

（6）Hu H，Wang JQ，Gao HN，Li SL，Zhang YD，Zheng N. Heat-induced apoptosis and gene expression in bovine mammary epithelial cells ［J］. **Animal Production Science**. 2016，56（5）：918-926.

（7）Hu H，Zhang Y，Zheng N，Cheng J，Wang J. The effect of heat stress on gene expression and synthesis of heat-shock and milk proteins in bovine mammary epithelial cells ［J］. **Animal Science Journal**. 2016，87（1）：84-91.

（8）Min L，Cheng J，Zhao S，Tian H，Zhang Y，Li S，*et al*. Plasma-based proteomics reveals immune response，complement and coagulation cascades pathway shifts in heat-stressed lactating dairy cows ［J］. **Journal of Proteomics**. 2016，146：99-108.

（9）Min L，Zhao S，Tian H，Zhou X，Zhang Y，Li S，*et al*. Metabolic responses and "omics" technologies for elucidating the effects of heat stress in dairy cows［J］. **International Journal of Biometeorology**. 2016.

（10）Min L，Zheng N，Zhao S，Cheng J，Yang Y，Zhang Y，*et al*. Long-term heat stress induces the inflammatory response in dairy cows revealed by plasma proteome analysis［J］. **Biochemical and Biophysical Research Communications**. 2016，471：296-302.

（11）Zhang YD，Bu DP，Li SC，Zheng N，Zhou XQ，Zhao M，*et al*. Technical Note：Can tail arterial or tail venous blood represent external pudic arterial blood to measure amino acid uptake by mammary gland of cows［J］. **Livestock Science**. 2016，188：9-12.

（12）Tian H，Zheng N，Wang W，Cheng J，Li S，Zhang Y，*et al*. Integrated Metabolomics Study of the Milk of Heat-stressed Lactating Dairy Cows［J］. **Scientific Reports**. 2016，6：24208.

二、奶产品质量安全检测技术开发

以牛奶质量安全监管对检测技术的通量、灵敏度、准确度需求为核心，通过液质联用同步检测抗菌药物多残留提高了检测通量，通过聚合酶链式反应的信号放大策略提高了霉菌毒素的检测灵敏度。

1. 核酸适配体传感器检测黄曲霉毒素 M_1 技术

黄曲霉毒素 M_1（AFM_1）被世界卫生组织（WHO）国际癌症研究机构认定为一级致癌物，开发高灵敏的黄曲霉毒素 M1 检测方法是国际关注的重点。

为了提高食品中黄曲霉毒素 M_1 的检测灵敏度，该团队结合核酸适配体对靶标的高亲和力和聚合酶链式反应开发了黄曲霉毒素 M_1 的核酸适配体传感器，实现了婴儿配方食品中痕量黄曲霉毒素 M_1 的高灵敏检测，该方法对黄曲霉毒素 M_1 检出限可达 0.03ng/L。同时对已筛选的黄曲霉毒素 M_1 的适配体进行优化，初步探索出该核酸适配体与黄曲霉毒素 M_1 的最佳作用位点（图 4-4）。该研究在检测婴幼儿配方食品中痕量 AFM_1 方面具有较好的应用前景，有助于为保障食品安全提供有效支撑。

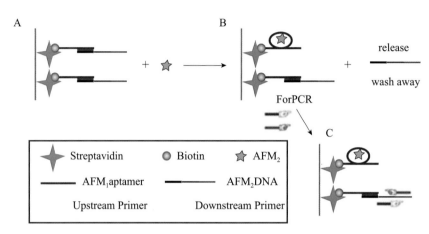

图 4-4　核酸适配体传感器检测黄曲霉毒素 M_1 技术概况

相关研究成果已发表在《Analytical and Bioanalytical Chemistry》2016 年第 408 卷。

2. 荧光适配体传感器检测黄曲霉毒素 B_1 技术

黄曲霉毒素是最重要的霉菌毒素之一，开发高灵敏的黄曲霉毒素检测方法是国际关注的重点。与单一粮食原料相比，婴幼儿食品的基质更加复杂，导致很多检测技术在样品分析时比较复杂。

团队开发了一种基于适配体荧光实验检测婴幼儿米粉

中黄曲霉毒素 B_1 的简便方法，简化了婴幼儿配方食品中黄曲霉毒素 B_1 的检测。该方法利用黄曲霉毒素 B_1 适配体对 AFB_1 进行识别后，释放带有荧光淬灭基团的互补 DNA 链，从而恢复高灵敏度的荧光信号（图 4 – 5A），从而实现对 AFB_1 的识别和检测。该方法不但操作简便，而且具有较宽的线性范围（图 4 – 5B）。同时，该传感器对 AFB_1 具有很强的特异性，其他可能共存的霉菌毒素基本不会对检测造成干扰（图 4 – 5C）。

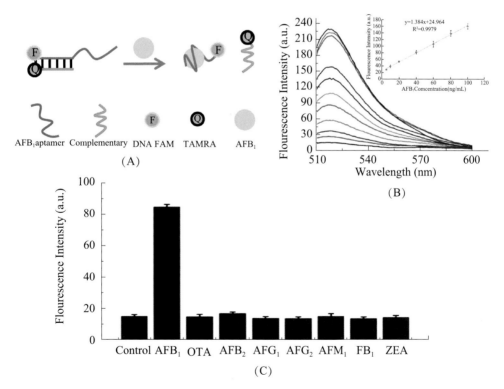

图 4 – 5　荧光适配体传感器检测黄曲霉毒素 B_1 技术

团队对传感器的重现性和加标回收率进行了方法学验证，验证结果表明检测方法稳定性好，回收率较好。该研究总体上达到同类研究的国际领先水平，在简便检测婴幼儿米粉食品中 AFB$_1$ 方面具有很好的应用前景，为保障食品安全提供有效支撑。

相关研究成果已发表在《Food Chemistry》2017 年第215 卷。

3. 牛奶中抗菌药物多残留的超高效液相—串联质谱检测方法开发

团队在研究牛奶与奶粉中抗菌药物多残留检测方法上取得新突破，可同时、快速、灵敏地检测牛奶与奶粉中 8 大类61 种抗菌药物的残留，为快速筛查市售牛奶与奶粉中的兽药残留提供了新技术。

研究建立了基于超高效液相色谱—串联质谱技术的牛奶与奶粉中抗菌药物多残留的检测方法。可同时检测 β-内酰胺、大环内酯、酰胺醇、林可胺、磺胺、四环素、喹诺酮共8 类61 种抗生素（图 4－6）。该方法简便、快速、灵敏度高、特异性强，回收率在 61.5% ～ 118.6%，变异系数 <11.6%，

线性范围在 0.01 ～ 200μg/kg，相关系数 > 0.99，定量限在 0.01 ～ 5.18μg/kg。验证检测 50 个商业品牌的牛奶和奶粉，在个别品牌牛奶中检测出头孢噻夫与环丙沙星的残留，表明该方法灵敏、可靠。

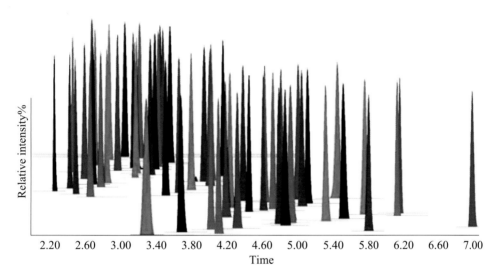

图 4 – 6　牛奶中 61 种抗菌药物的离子色谱图

相关研究成果已发表在《Journal of Chromatography B》2016 年第 1033 ～ 1034 期。

4. 发表文章

（1）Tian H, Wang J, Zhang Y, Li S, Jiang J, Tao D, *et al.* Quantitative multiresidue analysis of antibiotics in milk and milk powder by ultra-performance liquid chromatography coupled to tandem quadrupole mass spectrometry［J］. **Journal of Chromatography B**. 2016，1033-1034：172-9.

（2）Chen M，Wen F，Wang H，Zheng N，Wang J. Effect of various storage conditions on the stability of quinolones in raw milk［J］. **Food Additives & Contaminants Part A**，Chemistry，analysis，control，exposure & risk assessment. 2016，33（7）：1147-1154.

（3）Guo X，Wen F，Zheng N，Li S，Fauconnier ML，Wang J. A qPCR aptasensor for sensitive detection of aflatoxin M_1［J］. **Analytical and Bioanalytical Chemistry**. 2016，408（20）：5577-5584.

（4）Chen L，Wen F，Li M，Guo X，Li S，Zheng N，*et al*. A simple aptamer-based fluorescent assay for the detection of Aflatoxin B1 in infant rice cereal［J］. **Food Chemistry**. 2017，215：377-382.

（5）Zhang YD，Zheng N，Qu XY，Li SL，Yang JH，Zhao SG，*et al*. Short communication：Influence of preserving factors on detection of beta-lactamase in raw bovine milk［J］. **Journal of Dairy Science**. 2016，99（11）：8571-8574.

三、奶产品质量安全风险评估

围绕生物毒素等因子开展风险评估，发现生鲜乳中黄曲霉毒素的含量在逐年下降，远低于我国甚至欧盟的限量，同时发现多种霉菌毒素共存后会增加细胞毒性，为后期食品安全标准的限量提供科学依据；研究了不同奶畜乳蛋白的表达模式，找出特色奶畜乳中的优势功能性活性物质，为大力发展特色乳产业提供了科学支持；通过系统评估样品储存条件对抗生素、β-内酰胺酶等的稳定性。

1. 黄曲霉毒素 M_1 与其他霉菌毒素共存时的毒性变化

团队利用 MTT 方法进行多种霉菌毒素混合后细胞存活率的测定。结果表明，AFM_1、OTA、ZEA 和 α-ZOL 混合作用于 Caco-2 细胞 24 小时和 72 小时后，均显著降低细胞存活率，并呈现出时间和剂量依赖。基于等效应图解法的思路，对霉菌毒素混合的交互效应进行评估。AFM_1、OTA、ZEA 和 α-ZOL 联合作用 24 小时，在低浓度下，联合指数（CI）为 0.07～1.18，表现为协同与加性作用；在高浓度下，联合指数（CI）为 1.53～25.82，表现为拮抗作用（图 4 - 7）。然而，AFM_1、OTA、ZEA 和 α-ZOL 联合作用 72 小时后，在低浓度和高浓度下，表现为拮抗作用，中等浓度下产生协同作用。该研究的结果提示，与现行标准仅对单一霉菌毒素限量相比，未来需要对多种霉菌毒素共存带来的新风险开展系统风险评估。

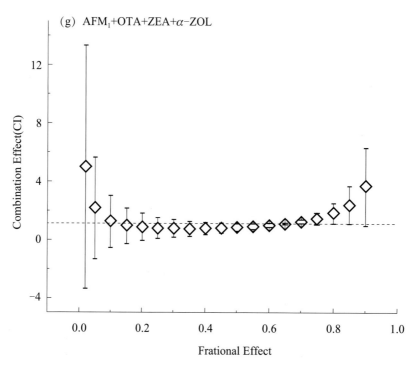

图 4 - 7　黄曲霉毒素与其他毒素共存时对细胞的毒性作用

相关研究成果已发表在国际知名学术期刊《Food and Chemical Toxicology》2016 年第 96 期。

2. 不同奶畜奶中代谢小分子物质图谱

奶中的一些代谢物与奶畜品种有关，不同奶畜的奶中代谢物的种类及数量不同。对不同奶畜奶中代谢物的鉴别，将有利于人们对不同奶畜奶进行特征评估及对奶掺假进行检测与评判。

团队利用核磁共振（NMR）和液相色谱—质谱串联技术检测了中国荷斯坦奶牛、娟珊牛、牦牛、水牛、山羊、骆驼和马等奶畜奶的代谢物图谱。对不同奶畜奶的代谢物图谱数据用多元方差分析与正交偏最小二乘法分析等方法进行分析。结果发现不同奶畜奶中的代谢物图谱有明显差异（图 4 - 8）。

其中，胆碱和琥珀酸可以用来区分荷斯坦奶牛奶和其他奶畜奶。代谢通路分析揭示，磷脂酰甘油代谢及缬氨酸、亮氨酸和异亮氨酸的生物合成在反刍动物（娟珊牛、水牛、牦牛和羊）中无差别，而不饱和脂肪酸的生物合成在非反刍动物（骆驼和马）中无差别。

相关研究成果已发表在《Journal of Proteomics》2016 年第 136 卷。

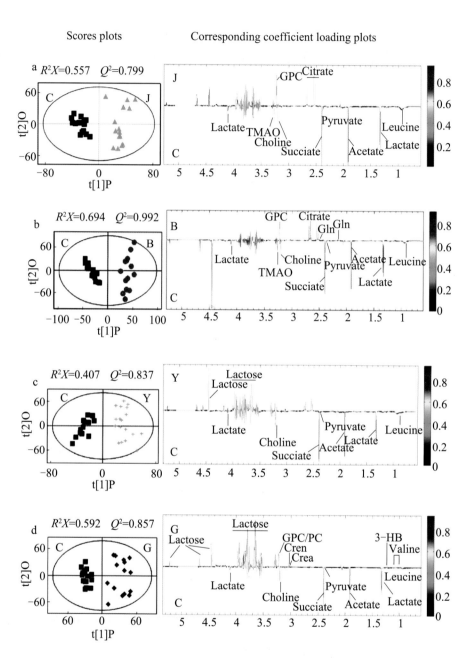

图 4-8　核磁共振分析结果

荷斯坦奶牛和娟珊牛（a）；荷斯坦奶牛和水牛（b）；

荷斯坦奶牛和牦牛（c）；荷斯坦奶牛和山羊（d）。

3. 不同物种奶脂肪球膜 N-糖基化蛋白的表达模式

糖蛋白参与了诸多生物学功能。为了分析物种奶中脂肪球蛋白及其未知的生物学功能，本研究采用了滤膜辅助技术富集和液相色谱串联质谱鉴定糖肽的技术构建了不同物种奶脂肪球膜 N-糖基化蛋白质组。总共鉴定到 399 个蛋白的 677 个 N-糖基化位点，数据库查询发现，大多数糖基化位点在奶畜奶中未注释；功能分析表明，脂肪球膜 N-糖基化蛋白在所有物种中最主要的生物功能是刺激应答（图 4－9）。鉴定蛋白的相似性分析表明，荷斯坦奶牛、牦牛、水牛和山羊的蛋白组成相近，而马、骆驼和人的脂肪球 N-糖基化蛋白组成相近。本研究结果丰富了奶畜奶脂肪球蛋白的 N-糖基化位点，揭示了脂肪球 N-糖基化蛋白组的复杂性及其潜在的生物学功能，为进一步探索乳脂球膜蛋白的生物合成奠定了科学基础。

相关研究成果以封面论文在国际知名学术期刊《Proteomics》2016 年第 16 卷第 21 期上发表。

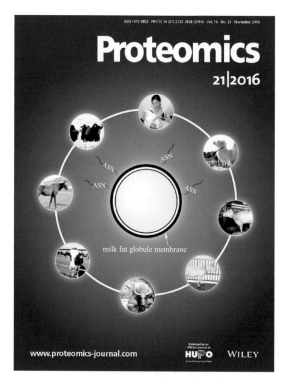

图 4－9　封面文章

4. 发表文章

（1）Gao YN，Wang JQ，Li SL，Zhang YD，Zheng N. Aflatoxin M1 cytotoxicity against human intestinal Caco-2 cells is enhanced in the presence of other mycotoxins［J］. **Food and Chemical Toxicology**. 2016，96：79-89.

（2）Guo LY，Zheng N，Zhang YD，Du RH，Zheng BQ，Wang JQ. A survey of seasonal variations of aflatoxin M1 in raw milk in Tangshan region of China during 2012—2014 [J]. **Food Control**. 2016, 69: 30-5.

（3）Yang Y, Zheng N, Wang W, Zhao X, Zhang Y, Han R, *et al*. N-glycosylation proteomic characterization and cross-species comparison of milk fat globule membrane proteins from mammals [J]. **Proteomics**. 2016, 16 (21): 2792-800.

（4）Yang Y, Zheng N, Zhao X, Zhang Y, Han R, Yang J, *et al*. Metabolomic biomarkers identify differences in milk produced by Holstein cows and other minor dairy animals [J]. **Journal of Proteomics**. 2016, 136: 174-92.

（5）Zhou X, Qu X, Zhao S, Wang J, Li S, Zheng N. Analysis of 22 Elements in Milk, Feed, and Water of Dairy Cow, Goat, and Buffalo from Different Regions of China [J]. **Biological Trace Element Research**. 2017, 176 (1): 120-9.

第五章 ┃ 奶业发展模式创新进展

◆ 一体化模式

◆ 模块化模式

◆ 区域化模式

2017 年春节前夕，中共中央总书记、国家主席习近平在河北乳品企业考察时强调，"我国是乳业生产和消费大国，要下决心把乳业做强做优，生产出让人民群众满意、放心的高品质乳业产品，打造出具有国际竞争力的乳业产业，培育出具有世界知名度的乳业品牌"。

围绕生产高品质乳业产品、打造国际竞争力乳业产业和培育世界知名度乳业品牌这三大目标，我国政府部门、科研机构、行业协会和乳业企业都从不同层面进行了有益探索，取得了显著进展。尤其是部分企业，面对进口奶产品的严重冲击，不等不靠，抓住奶业供给侧结构性改革的重大机遇，不畏艰难，勇于探索，自发进行了奶业发展模式创新，在奶业调结构、转方式上闯出一条新路。在此，简单介绍一体化模式、模块化模式和区域化模式三种奶业发展模式创新的进展。

一、一体化模式

现代牧业（集团）有限公司是我国第一家实践优质乳工

程的企业，是优质乳从理论到生产的率先推动者，历经艰辛，为探索奶业一体化产业模式作出了重要贡献。

从 2014 年 9 月开始，现代牧业（集团）有限公司（以下简称现代牧业）为了充分挖掘"种植—养殖—加工"一体化的巨大潜力，先后开始实施优质乳工程优质 UHT 灭菌奶项目和优质巴氏杀菌奶项目，实施地点为现代牧业（蚌埠）有限公司和现代牧业（塞北）有限公司，2016 年 10 月通过验收，成为我国首家优质 UHT 灭菌奶和优质巴氏杀菌奶同时通过优质乳工程验收的企业。

研究表明，现代牧业优质 UHT 奶中乳果糖的平均值为 409.7mg/L，最大值 435.8mg/L，最小值 375.9mg/L；糠氨酸的平均值为 127.6mg/100g 蛋白质，最大值 158.9mg/100g 蛋白质，最小值 109.0mg/100g 蛋白质；β-乳球蛋白的平均值为 502.1mg/L，最大值 524.6mg/L，最小值为 477.3mg/L，满足优质乳规范的要求。

现代牧业优质巴氏奶样品中乳果糖的平均值为 4.5mg/L；糠氨酸的平均值为 7.6mg/100g 蛋白质，最大值 10.2mg/100g 蛋白质，最小值 4.2mg/100g 蛋白质；β-乳球蛋白的平均值为 2 404.2mg/L，达到优质乳规范的要求。

评估研究结果表明，现代牧业开展优质乳工程示范的奶产品，乳果糖、糠氨酸和 β-乳球蛋白数值变异很小，品质一致性高，反映出优质乳工程实施后，原料奶质量安全管控严格，加工工艺控制精准，奶产品品质不但达到国际先进水平，更可贵的是持续保持稳定。

在乳品加工工艺方面，现代牧业进行了创新。首先删除预巴杀和闪蒸两道工序。每加工 1 吨 UHT 灭菌奶节约用电约 18.67 元，节约用水约 0.35 元，节约用气约 28.58 元，节约耗冷 0.95 元，共计节约 48.55 元，大大降低了加工成本。每加工 1 吨 UHT 灭菌奶显著减少 CO_2 和 SO_2 排放，为节能减排、低碳环保作出了贡献。

二、模块化模式

2015 年 4 月，新希望乳业控股有限公司旗下的昆明雪兰牛奶有限责任公司开始实施优质乳工程巴氏杀菌奶项目，2016 年 9 月通过验收。之后，新希望乳业控股有限公司发挥集团控股优势，建立了适用于整个集团的可复制技术创新模块，陆续在控股的各个企业实施优质乳工程，创建了模块化产业模式，取得显著成效。

新希望雪兰优质巴氏奶样品中乳果糖的平均值为 6.3mg/L，最大值 7.5mg/L，最小值 4.9mg/L；糠氨酸的平均值为 6.0mg/100g 蛋白质，最大值 6.2mg/100g 蛋白质，最小值 5.7mg/100g 蛋白质；β-乳球蛋白的平均值为 2 178.3mg/L，达到优质乳规范的要求。

评估研究结果表明，新希望雪兰优质巴氏杀菌奶产品中，乳果糖、糠氨酸和 β-乳球蛋白数值变异很小，品质一致性高，反映出优质乳工程实施后，原料奶质量安全稳定，加工工艺精准可靠，奶产品品质高而且保持稳定。

由于生鲜奶质量大幅度提高，新希望雪兰公司在优质乳工程实践中果断砍掉了传统工艺中闪蒸工艺，减少闪蒸机蒸汽耗用 500 千克/小时，闪蒸冰水耗用 250 千卡/小时，每小时节约电费 43.2 元、蒸汽费 168 元、冰水费 83 元，合计 294.2 元/小时。巴氏杀菌温度由原来的 85℃ 降低为 80℃，每吨产品节约热量 17.5 千瓦·时，节约 13.1 元。减少一次清洗，降低费用 264.05 元，减少污水排放 3 吨。

三、区域化模式

2015 年 5 月，福建长富乳品有限公司（简称长富公司）开始实施优质乳工程巴氏杀菌奶项目，2017 年 2 月通过验收。在实施优质乳工程过程中，长富公司首先完善优质生鲜奶质量控制规范，根据企业基础情况，建立企业生鲜奶关键指标乳脂肪率、乳蛋白率、菌落总数和体细胞数的内控线、预警线，真正实现了优质生鲜奶用来加工优质巴氏杀菌奶。在优质生鲜奶质量控制规范中，建立专门针对异常数据点的处理规范，即《预警管控措施》，只要有 1 项生鲜奶关键控制指标触发了预警值，就需要按照管控措施，指令养殖、挤奶、环境、运输、储存等相关环节开展关键点排查，直至指标数据回归到正常水平。

长富公司在完成校准保温时间和杀菌温度等关键工艺参数的基础上，优化巴氏杀菌关键工艺参数为 80℃、15 秒，符合优质乳设备稳定性要求。在工艺改进实践中，降低杀菌温度 5℃，每生产 1 吨优质巴氏杀菌奶节约能耗 12.88 兆焦，节省成本 4.4 元；优化前连续生产 10 小时需要清洗 1 次，优化后不需要清洗过程，节省生产时间 2 小时，节约水耗 6 吨、节省成本 6 元，节约电耗 55.2 千瓦、节约成本 44.16 元，节约蒸汽能耗 9 万千瓦，节约成本 128.53 元，节省浓碱液 60 千克，节约成本 598 元，折算成每生产 1 吨优质巴氏杀菌奶节约加工成本 7.77 元；累计每生产 1 吨优质巴氏杀菌奶节约成本 12.17 元，节约生产时间 12 分钟。

长富公司优质巴氏杀菌奶经过系统检测评价，结果表明糠氨酸含量全部稳定低于 12mg/100g 蛋白质，产品中未出现糠氨酸含量超过内控值 10mg/100g 蛋白质的样品，质量稳定，符合优质乳工程巴氏杀菌奶产品要求，证明长富公司优质巴氏杀菌奶产品的品质达到国际水平。

虽然地处东南，福建长富公司克服了在奶牛养殖、乳品工艺、配送冷链等方面的一系列技术难题，创造了区域化产业模式，为福建消费者奉献了品质优异、活性健康的优质奶产品，深受消费者喜爱。目前，长富鲜奶在福建的市场占有率到达 90% 以上。

第六章 优质乳工程技术规范（MRT/B10—2017）

◆ 优质乳工程生鲜奶指标

◆ 优质乳工程加工工艺指标

◆ 优质乳工程优质奶产品指标

◆ 优质乳工程优质奶产品颜色评价

◆ 不同加工温度奶产品质量变化参考值

◆ 优质乳工程节能减排效果

一、优质乳工程生鲜奶指标

优质乳工程生鲜奶指标见表 6 - 1。

表 6 - 1　优质乳工程生鲜奶指标

项目	乳脂肪 %	乳蛋白 %	体细胞数 万个/毫升	菌落总数 万 cfu/毫升	用途
特优级	≥3.30	≥3.10	≤30	≤10	优质乳工程巴氏杀菌奶/UHT 灭菌奶
优级	≥3.20	≥3.10	≤40	≤20	优质乳工程 UHT 灭菌奶
良级	≥3.10	≥3.00	≤50	≤50	正常
合格级	≥3.10	≥2.95	≤75	≤100	正常

注：指加工投料时测定值

二、优质乳工程加工工艺指标

优质乳工程加工工艺指标见表 6-2。

表 6-2　优质乳工程加工工艺指标

项目	预巴杀	闪蒸	加工温度	时间	时间相对偏差
优质巴氏杀菌奶	无	无	80℃±0.25℃	15s	0.30%
优质 UHT 灭菌奶	无	无	136℃±0.15℃	4s	0.30%

三、优质乳工程优质奶产品指标

优质乳工程优质奶产品指标见表 6-3。

表 6-3　优质乳工程优质奶产品指标

项目	糠氨酸	β-乳球蛋白	碱性磷酸酶
优质巴氏杀菌奶	≤12mg/100g 蛋白质	≥2000mg/L	阴性
优质 UHT 灭菌奶	≤190mg/100g 蛋白质	≥50mg/L	不测定

四、优质乳工程优质奶产品颜色评价

优质乳工程优质奶产品颜色评价见图 6-1。

图 6-1　优质乳工程优质奶产品颜色评价

五、不同加工温度下奶产品质量变化参考值

1. 72 ～ 120℃加工 15 秒时参考值

72 ～ 120℃加工 15 秒时参考值见表 6 - 4 至表 6 - 8。

表 6 - 4   糠氨酸含量（mg/100g 蛋白质）

温度（℃）	样品 1	样品 2	样品 3	平均值
0	4.8	4.8	4.8	4.8
72	6.2	4.9	5.5	5.5
75	6.2	6.2	5.6	6.0
80	6.7	6.7	6.0	6.5
85	7.5	6.8	6.8	7.0
90	7.6	7.9	6.9	7.5
95	9.1	8.7	8.8	8.9
100	12.2	11.4	11.4	11.7
105	14.2	16.0	14.9	15.0
110	18.1	21.2	22.2	20.5
115	29.1	26.1	27.0	27.4
120	41.6	39.7	41.6	41.0

表 6 – 5　乳果糖含量（mg/L）

温度（℃）	样品 1	样品 2	样品 3	平均值
0	—	—	—	—
72	—	—	—	—
75	—	—	4. 4	4. 4
80	6. 9	—	—	6. 9
85	5. 7	6. 3	4. 6	5. 5
90	7. 5	7. 5	6. 3	7. 1
95	8. 2	—	11. 7	10. 0
100	14. 1	16. 3	17. 7	16. 0
105	24. 9	22. 2	18. 4	21. 8
110	40. 0	39. 2	40. 2	39. 8
115	60. 8	64. 6	64. 0	63. 1
120	93. 9	101. 9	100. 4	98. 7

表 6 – 6 乳铁蛋白含量（mg/L）

温度（℃）	样品 1	样品 2	样品 3	平均值
0	77.28	55.04	76.51	69.61
75	25.69	18.65	36.52	26.95
80	10.96	8.73	14.63	11.44
95	0.90	1.04	0.94	0.96
110	1.04	0.89	0.83	0.92

表 6 – 7　β-乳球蛋白含量（mg/L）

温度（℃）	样品 1	样品 2	样品 3	平均值
0	3 623. 4	3 550. 9	3 653. 8	3 609. 3
72	3 095. 4	3 182. 6	3 311. 4	3 196. 5
75	2 875. 5	3 012. 8	3 009. 4	2 965. 9
80	2 335. 2	2 436. 9	2 482. 8	2 418. 3
85	1 634. 7	1 747. 6	1 812. 6	1 731. 6
90	1 079. 0	1 194. 3	1 164. 1	1 145. 8
95	728. 4	794. 5	762. 5	761. 8
100	527. 2	520. 1	487. 2	511. 5
105	327. 7	356. 7	318. 5	334. 3
110	254. 8	259. 5	252. 6	255. 6
115	220. 3	213. 1	206. 5	213. 3
120	194. 2	201. 2	184. 4	193. 3

表 6 – 8　α-乳白蛋白含量（mg/L）

温度（℃）	样品 1	样品 2	样品 3	平均值
0	1 320.0	1 307.2	1 366.5	1 331.2
75	1 202.7	1 184.7	1 198.3	1 195.2
80	1 160.7	1 186.6	1 126.7	1 158.0
95	965.6	998.9	939.7	968.1
110	724.3	748.9	681.1	718.1

2. 135 ～ 145℃加工 4 秒时参考值

135 ～ 145℃加工 4 秒时参考值见表 6 − 9 至表 6 − 13。

表 6 − 9　糠氨酸含量（mg/100g 蛋白质）

温度（℃）	样品 1	样品 2	样品 3	平均值
0	4.9	4.8	5.2	5.0
135	146.8	137.9	127.4	137.4
137	154.9	148.2	150.6	151.2
139	170.3	172.6	169.9	170.9
141	185.3	179.5	176.3	180.4
143	194.1	196.6	196.6	195.8
145	208.5	214.3	203.7	208.8

表 6 - 10　乳果糖含量（mg/L）

温度（℃）	样品 1	样品 2	样品 3	平均值
0	—	—	—	—
135	420. 0	400. 2	388. 3	402. 8
137	464. 2	446. 4	442. 9	451. 2
139	508. 3	513. 3	536. 0	519. 2
141	631. 6	583. 7	720. 6	645. 3
143	673. 4	655. 3	687. 4	672. 0
145	821. 3	780. 6	743. 5	781. 8

表 6 - 11　乳铁蛋白含量（mg/L）

温度（℃）	样品 1	样品 2	样品 3	平均值
0	74. 80	63. 77	73. 33	70. 63
135	1. 35	1. 01	1. 25	1. 20
139	0. 92	0. 85	0. 93	0. 90

表 6 – 12　β-乳球蛋白含量（mg/L）

温度（℃）	样品 1	样品 2	样品 3	平均值
0	3 430. 8	3 552. 7	3 393. 4	3 459. 0
135	512. 6	532. 8	498. 1	514. 5
137	546. 9	574. 4	481. 0	534. 1
139	460. 9	534. 7	551. 4	515. 7
141	480. 9	490. 1	521. 1	497. 4
143	466. 0	438. 1	459. 7	454. 6
145	460. 2	436. 6	517. 0	471. 3

表 6 – 13　α-乳白蛋白含量（mg/L）

温度（℃）	样品 1	样品 2	样品 3	平均值
0	1 287. 0	1 308. 9	1 301. 9	1 299. 3
135	365. 9	365. 7	362. 8	364. 8
139	311. 6	310. 3	316. 1	312. 7

六、优质乳工程节能减排参考值

优质乳工程节能减排效果见表6－14。

表6－14　优质乳工程节能减排效果

项目	优质 巴氏杀菌奶	传统 巴氏杀菌奶
预巴杀	无	有
闪蒸	无	有
加工温度	80℃±0.25℃	95℃
加工时间	15 秒	15 秒
节能（元/吨，每生产1 吨奶制品）		
—节约电费	22.28	—
—节约蒸汽费	34.89	—
—节约冰水费	16.66	—
—节约浓碱液费	5.98	—
小计	79.81	—
减排（千克/吨，每生产1 吨奶制品）		
—节约用水	120	—
—节约浓碱液	1.2	—
—降低 CO_2 排放	46.51	—
—降低 SO_2 排放	0.15	—
—降低氮氧化合物排放	0.13	—
效率提高，每开机一次		
—节约生产时间（时/次）	2	—

第七章　结论

2016 年风险评估研究结果表明，我国奶产品没有系统性质量安全风险，质量安全风险处于受控范围之内，整体情况良好，持续保持较高质量安全水平。

1. 奶牛养殖方式快速升级，生鲜奶安全指标受控，质量水平明显提高

风险评估结果表明，生鲜奶中三聚氰胺、革皮水解物、β-内酰胺酶、亚硝酸盐和农药残留均符合国家要求，黄曲霉毒素 M1 含量处于标准限量之内，不存在系统性风险。

2. 个别进口 UHT 灭菌奶产品存在过热加工风险

与国产奶产品相比，进口奶产品的保质期明显偏长，糠氨酸含量偏高，存在过度加热或添加复原乳风险，并且 β-乳球蛋白等活性蛋白含量显著降低。

3. 优质乳工程奶产品品质高，加工工艺优化稳定，节能减排效果显著

比较评估表明，优质乳工程的奶产品奶源质量安全可控，加工工艺稳定可靠，实现了绿色低碳目标，奶产品品质优异且一致性高，达到了国际先进水平。优质乳工程能为消费者提供品质优异、活性物质含量高的优质奶产品。

奶业创新团队 2016 年大事记

2016 年 1 月，发布《奶业创新团队 2015 年度报告》。

2016 年 2 月 1 日—7 月 2 日，张养东博士赴美国康奈尔大学质谱中心开展访问交流，学习了 LC-MS 技术，掌握了蛋白质组学领域研究新进展和前沿技术。

2016 年 3 月 3 日，团队正式出版发布《中国奶产品质量安全研究报告（2015 年度）》，建立了我国奶产品质量安全年度报告制度，公开报告了我国奶产品质量安全状况，实现了公开充分交流，科学引导消费。

2016 年 3 月 15—16 日，美国康奈尔大学蛋白质组学和质谱平台主任张胜教授来团队交流访问，介绍了基于质谱的蛋白质组学最新研究进展。

2016 年 4 月 1 日，团队修订的农业行业标准《巴氏杀菌乳和 UHT 灭菌乳中复原乳的鉴定》（NY/T 939—2016）正式颁布实施，为监管违规添加复原乳提供了科学依据，对维护消费者知情权，促进奶业健康发展将起到积极的推动作用。

2016 年 4 月 10 日，团队组织召开"农业部奶产品质量安全风险评估项目启动会"，项目负责人郑楠博士就 2016 年度奶产品质量安全风险评估工作方案进行了解读，明确了 2016 年工作计划。

2016 年 4 月 12 日，团队在新希望乳业举办的《第四届中国好鲜奶新鲜盛典》上发起了"优质乳工程朋友圈"活动。

2016 年 5 月 9 日，新西兰初级产业部 Tim Harvey 先生和新西兰驻华大使 David Allen 先生来团队交流中新牛奶质量安全合作事宜。

2016 年 5 月 10 日，团队顺利搬入新建的"奶业楼"，为团队发展提供了更大的舞台，鼓舞团队成员齐心协力产出更多的科研成果。

2016 年 5 月 10 日，由奶业创新团队、中国奶业协会和安捷伦科技公司联合建立的"安捷伦奶业联合实验室"正式揭牌。

2016 年 5 月 11 日，王加启研究员应邀参加由新华网和中国奶业协会主办的十大乳业谣言榜新闻发布会，并作"中国奶产品质量安全研究报告"。

2016 年 5 月 16 日，团队组织了农产品质量安全检测能力验证和生鲜乳质量安全检测能力验证比对考核工作，对能力验证方案与操作要点进行了解读和培训，给参加考核的 50 个质检机构现场发放能力验证考核样品。

2016 年 5 月 23—25 日，团队赵圣国、王芃芃、金迪、李国栋和邢磊 5 位成员赴杭州参加了由浙江大学主办的"消化道分子微生态"国际研讨会。团队金迪博士的研究成果受到大会专家的肯定，并获得"最佳报告奖"。

2016 年 5 月 24 日，组织召开"食品环境领域高分辨质谱高级操作培训班"，就高分辨质谱技术开展培训。

2016 年 7 月 13 日，团队组织召开"2016 年生鲜乳质量安全检测技术培训会暨《食品安全国家标准生乳》（GB19301—2010）修订培训班"。

2016 年 7 月 15 日—25 日，团队王加启、郑楠和赵圣国一行三人赴美国参加美国奶业科学学会联合年会，并访问了加利福尼亚大学伯克利分校。

2016 年 8 月 16 日，中国首次发布《中国奶业质量报告》，发布会上王加启研究员就抢购国外奶粉、我国奶制品检测标准和无抗生素奶等问题进行了系统解答。

2016 年 8 月 29 日—31 日，文芳博士赴泰国参加亚太食品技术论坛，并做了题为"利用 UPLC-QTOF-MS 研究牛奶热处理对营养品质的影响"的专题报告。

2016 年 9 月 3 日，由农业部奶产品质量安全风险评估实验室（北京）组织的"奶产品质量安全风险评估与学科发展"研讨会在京召开，郑楠副主任对奶产品质量安全风险评估项目的整体情况做了详细汇报，与会的各位专家和领导提出了许多宝贵的意见及建议。

2016 年 9 月 4 日，王加启研究员在福州参加第五届海峡两岸巴氏鲜奶发展论坛，作"优质乳工程"报告，同时参加长富乳业发起的优质乳工程朋友圈活动。

2016 年 9 月 6 日，团队专家组对新希望雪兰乳业的优质巴氏杀菌乳进行了验收，成为我国首家通过"中国优质乳工程"巴氏奶验收的企业。

2016 年 10 日 19 日，《中国奶产品质量安全研究报告（2015 年度）》获中国农业科学院十二五农产品质量安全亮点研究成果奖。

2016 年 10 月 19—21 日，赵圣国博士应邀参加由中国科学院亚热带农业生态研究所举办的"畜禽健康养殖前沿青年创新论坛"并作"动物胃肠道微生物组学进展"报告。

2016 年 11 月 19 日，团队组织成立国家奶业科技创新联盟，联盟理事长王加启研究员从联盟的背景与使命、联盟筹备工作过程、近期重点工作三个方面做了汇报。

2016 年 11 月 22 日至 12 月 1 日，团队石慧丽、郝欣雨、屈雪寅三位检测技术人员赴新西兰 AsureQuality 实验室进行为期一周的技术交流。

2016 年 11 月 30 日—12 月 4 日，肯尼亚医学研究所惠康基金研究中心 Etienne Pierre de Villiers 博士来团队讨论项目进展，并开展生物信息学培训。

2016 年 12 月 1 日，国家奶业科技创新联盟与中国农垦乳业联盟签订战略合作协议，此次战略合作协议的签订，将加快推进农垦系统乳制品企业实施"优质乳工程"。

2016 年 12 月 11 日，团队承担的"国家奶产品质量安全风险评估重大专项 2016 年度项目评价验收会议"在北京召开，郑楠博士就专项总体情况进行了汇报，评价验收专家组对各项汇报内容提问点评，完成专项四个项目的评价验收工作，形成项目评价验收意见。

2016 年 12 月 22 日，农业部农产品质量标准研究中心对 2015 年度国家农产品质量安全风险评估工作优秀集体和优秀个人进行了表扬通报，我团队的"农业部奶产品质量安全风险评估实验室（北京）"获"优秀集体"称号。

2016 年，团队发表 SCI 收录论文 22 篇、中文核心期刊 13 篇，编写著作 2 部，发布农业行业标准 3 项，申请发明专利 4 项。

参考文献

国家食品药品监督管理总局 . 2016-2-2. 国家食品安全监督抽检显示：2015 年食品安全整体形势稳中趋好［EB/OL］. http：//www. sda. gov. cn/WS01/CL0051/143680. html.

国家食品药品监督管理总局 . 2017-1-16. 国家食品安全监督抽检显示：当前我国食品安全形势总体平稳［EB/OL］. http：//www. sda. gov. cn/WS01/CL0051/168583. html.

国家统计局 . 2017. 国家统计局数据库［EB/OL］. http：//data. stats. gov. cn.

霍东洲 . 2017-1-10. 我国乳品行业进入新常态发展期［N］. 中国食品安全报.

李彦增 . 2017-1-10. 2016 中国乳制品行业质量工作会议在京召开［N］. 人民健康网.

农业部奶业管理办公室，中国奶业协会 . 2016. 2016 中国奶业统计摘要［M］.

欧盟委员会 . 2014. 欧盟食品与饲料快速预警系统（RASFF）. RASFF annual report 2013［EB/OL］. http：//ec. europa. eu/food/safety/rasff/docs/rasff_ annual_ report_ 2013. pdf.

欧盟委员会 . 2015. 欧盟食品与饲料快速预警系统（RASFF）. RASFF annual report 2014［EB/OL］. http：//ec. europa. eu/food/safety/rasff/docs/rasff_ annual_ report_ 2014. pdf.

欧盟委员会 . 2016. 欧盟食品与饲料快速预警系统（RASFF）. RASFF annual report 2015［EB/OL］. http：//ec. europa. eu/food/safety/rasff/docs/rasff_ annual_ report_ 2015. pdf.

欧盟委员会 . 2017. 欧盟食品与饲料快速预警系统（RASFF）. RASFF annual report 2016［EB/OL］. https：//ec. euro-pa. eu/food/sites/food/files/safety/docs/rasff_ annual_ report_ 2016. pdf.

欧洲食品安全局（EFSA）. 2015. Report on the implementation of national residue monitoring plans in the member states in 2013（Council Directive 96/23/EC）［R/OL］. http：//ec. europa. eu/food/safety/docs/cs_ vet_ med_ residues-workdoc_ 2013_ en. pdf.

英国食品安全局（UKFSA）. 2001. Survey gives milk all clear on cancer chemicals ［EB/OL］. http：//www. food. gov. uk/news/pressreleases/2001/sep/milkcancer

Corzo N. , Delgado T. , Troyano E. , *et al*. 1994. Ratio of lactulose to furosine as indicator of quality of commercial milks ［J］. Journal of Food Protection, 57（8）：737-739.

Galvano F. , Galofaro V. , Ritieni A. , *et al*. 2001. Survey of the occurrence of aflatoxin M_1 in dairy products marketed in Italy：second year of observation ［J］. Food Additives and Contaminants：Part A, 8：644-646.

Han R. W. , Zheng N. , Wang J. Q. , *et al*. 2013. Survey of aflatoxin in dairy cow feed and raw milk in China ［J］. Food Control, 34：35-39.

Iqbal S. Z. , Jinap S. , Pirouz A. A. , *et al*. 2015. Aflatoxin M_1 in milk and dairy products, occurrence and recent challenges：A review ［J］. Trends in Food Science & Technology, 46：110-119.

Kim E. K. , Shon D. H. , Ryu D. , *et al*. 2000. Occurrence of aflatoxin M_1 in Korean dairy products determined by ELISA and

HPLC［J］. Food Additives and Contaminants，17：59-64.

Kriengsag S. 1997. Incidence of aflatoxin M₁ in Thai milk products ［J］. Journal of Food Protection，60：1010-1012.

Martins M. L. ，Martins H. M. 2000. Aflatoxin M₁ in raw and ultra high temperature treated milk commercialized in Portugal ［J］. Food Additives and Contaminants：Part A，17：871-874.

Shundo L. ，Navas S. A. ，Conceicao L. ，*et al*. 2009. Estimate of aflatoxin M₁ exposure in milk and occurrence in Brazil ［J］. Food Control，20：655-657.

Tajkarimi M. ，Aliabadi-Sh F. ，Salah N. A. ，*et al*. 2008. Afla- toxin M₁ contamination in winter and summer milk in 14 states in Iran ［J］. Food Control，19：1033-1036.

致　谢

衷心感谢以下单位领导、专家对本书的支持：

农业部农产品质量安全监管局

农业部畜牧业司

农业部农垦局

农业部奶产品质量安全风险评估实验室

农业部奶及奶制品质量监督检验测试中心

农业部奶及奶制品质量安全控制重点实验室

国家奶业科技创新联盟

国家奶产品质量安全风险评估重大专项

农产品（生鲜奶、复原乳）质量安全监管专项

公益性行业（农业）科研专项

国家奶牛产业技术体系

中国农业科学院科技创新工程

现代牧业（集团）有限公司

新希望雪兰牛奶有限责任公司

福建长富乳品有限公司